BEI GRIN MACHT SICH IHR WISSEN BEZAHLT

- Wir veröffentlichen Ihre Hausarbeit, Bachelor- und Masterarbeit

- Ihr eigenes eBook und Buch - weltweit in allen wichtigen Shops

- Verdienen Sie an jedem Verkauf

Jetzt bei www.GRIN.com hochladen und kostenlos publizieren

GRIN

Matthias Scherr

Optimaler Netzausbau durch Kombinatorische Optimierung

Clean Grid

GRIN Verlag

Bibliografische Information der Deutschen Nationalbibliothek:

Die Deutsche Bibliothek verzeichnet diese Publikation in der Deutschen National-
bibliografie; detaillierte bibliografische Daten sind im Internet über http://dnb.d-
nb.de/ abrufbar.

Impressum:

Copyright © 2014 GRIN Verlag GmbH
Druck und Bindung: Books on Demand GmbH, Norderstedt Germany
ISBN: 978-3-656-50809-0

Dieses Buch bei GRIN:

http://www.grin.com/de/e-book/262474/optimaler-netzausbau-durch-kombinatori-
sche-optimierung

Abstract

Der Netzausbau ist die existenzielle Basis der Energiewende und so der Grundstein für das Erreichen klimapolitischer Zielsetzungen.

Aus dem von der Bundesnetzagentur verwendeten Modell resultiert eine Verschleppung des Netzausbaus. Die vorliegende Arbeit beschreibt ein völlig neues Alternativ-Modell und dessen software-basierte Umsetzung. Die Idee sieht vor, dass das aktuell mehrstufige System zusammengefasst wird. So wird das allgemeine Problem des Netzausbaus zur besseren Lösung in konkrete regionale Herausforderungen untergliedert. Nach der raschen Feststellung von Start- und Endpunkt eines Ausbauvorhabens wird, um schnell die optimale Route für einen konkreten Leitungsverlauf zu finden, der sogenannte Dijkstra-Algorithmus angewandt. Die Arbeit behandelt ihn eingehend. Der Algorithmus berücksichtigt in seiner Anwendung wichtige Faktoren, wie z.B. Umweltverträglichkeit, Länge der Leitungen oder prognostizierte Entwicklungen und stellt so nicht nur den beschleunigten, sondern auch den sinnvoll optimierten Netzausbau sicher. Theoretisch gewonnene Erkenntnisse werden auf ein konkretes Netzausbauvorhaben projiziert. Nach eingehender Analyse wichtiger Daten generiert eine Software die optimale Route für den Trassenverlauf des fokussierten Ausbauvorhabens. Um das vorgestellte Alternativ-Modell einer breiten Öffentlichkeit zugänglich zu machen, ist zudem mit großem Aufwand eine iOS-Applikation entwickelt worden.

„Herr Scherr hat tolle Ideen und setzt sie zielstrebig um.“
- Prof. Dr. Ingo Morgenstern (Physikalische Fakultät der Universität Regensburg)

„Matthias Scherr packt die wichtigen Themen unserer Zeit mit sehr guten Ideen an. Er erfindet ein neues System und setzt es eindrucksvoll um. Das belegt nicht zuletzt seine selbst entwickelte App.“
- Dr. Sebastian Erdenreich (Freiberuflicher IT-Spezialist)

„Hier sehe ich großes Potential ein Portal zu öffnen, in welchem Raum für Chancen besteht.“
- Johannes Bauer (Doktorand, Harvard University)

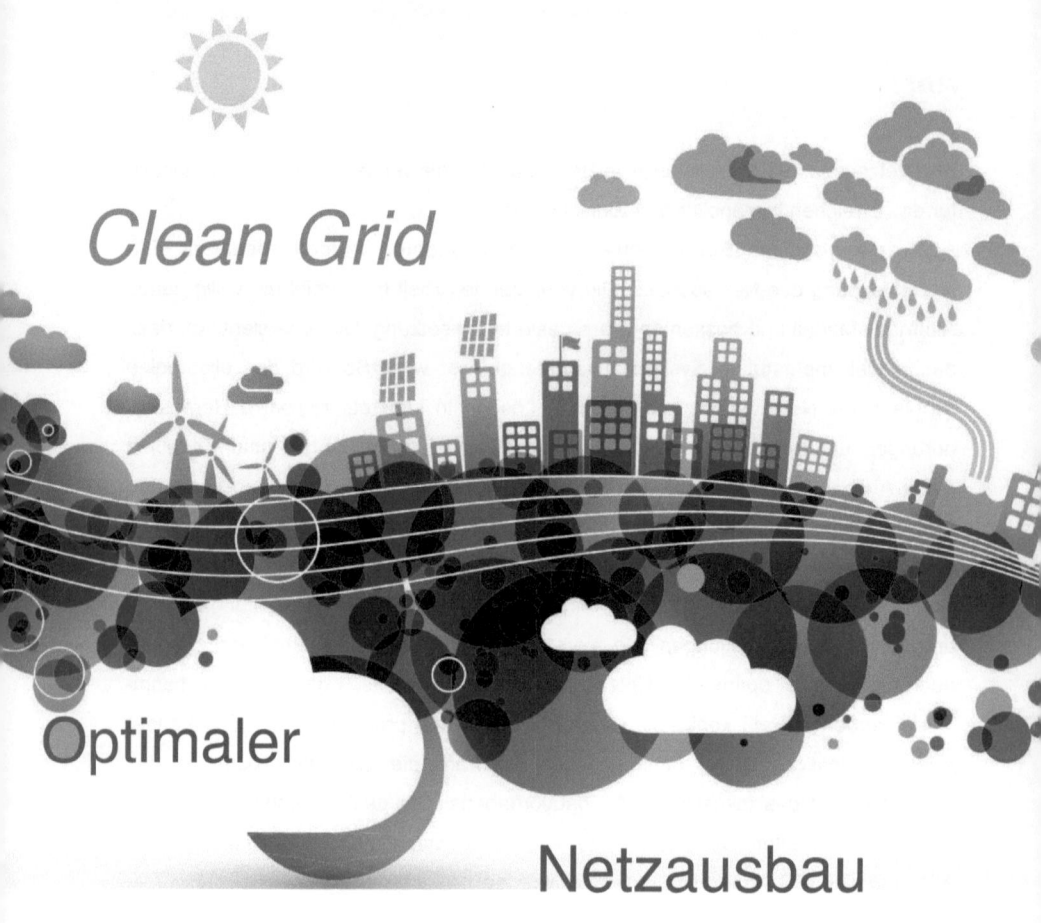

Clean Grid

Optimaler

Netzausbau

durch

Kombinatorische Optimierung

Verfasst von		Klasse	Schule
MATTHIAS SCHERR		**Q11**	Robert - Schuman - Gymnasium Cham

Inhaltsverzeichnis

A. Einleitung

„Wir gründen Club der Energiewende-Staaten."[1]

Dieses Vorhaben äußerte Bundesumweltminister Peter Altmaier am Rande der Klimakonferenz in Doha und setzt dabei voraus, dass die Energiewende in Deutschland funktioniert. Für das Gelingen der Energiewende ist der Ausbau von Höchstspannungstrassen existenziell wichtig. Durch die Medien ist bekannt, dass dieser Netzausbau zu schleppend verläuft. *„Der Ausbau des deutschen Höchstspannungsnetzes muss dringend beschleunigt werden."*[2] findet auch der Präsident der Bundesnetzagentur Jochen Homann. Mit den aktuellen Konzepten seiner Behörde und den Modellen der Übertragungsnetzbetreibern gelingt die Beschleunigung allerdings kaum. Dadurch wirft sich die Forschungsfrage auf, wie der Ausbau des Übertragungsnetzes mit einem völlig neuartigem Modell in Zukunft schneller und optimaler gestaltet werden kann. Um diese Forschungsfrage eingehend zu beantworten, beleuchtet die vorliegende Arbeit folgende Aspekte: Zunächst wird die Ausgangslage des zögerlichen Netzausbau stichhaltig analysiert. Für die Funktion des vorgeschlagenen Alternativ-Modells ist der Einsatz von Kombinatorischer Optimierung essentiell wichtig. Deshalb wird der gewählte Algorithmus auch eingehend erläutert. Im dritten Teil kommt der Deijkstra Algorithmus zu seiner realen Anwendung. So wird er in eine Software implementiert und generiert ein Lösung für das Ausbauvorhaben Redwitz - Schwandorf. Dabei ist es notwendig die verschiedenen Landkreise zuvor in einem Graphen darzustellen und sich tiefgründig mit verschiedenen Daten zu befassen. Die Software gibt dann basierend auf Imput-Faktoren einen optimalen Routenverlauf an. Zu Ende des Hauptteils stellt der Verfasser eine von ihm entwickelte iOS-Applikationen vor, durch die das Projekt „Clean Grid" der Öffentlichkeit in ansprechender Form zugänglich ist.

---

[1] Passauer Neue Presse, Wir gründen Club der Energiewende-Staaten, 06.12.12.

[2] Süddeutsche Zeitung, Behörde warnt vor lahmen Netzausbau, 03.08.2012.

B. Hauptteil

I. Schleppender Netzausbau

Der Netzausbau verläuft zu zögerlich und kann mit der Ausbaugeschwindigkeit der erneuerbaren Energien nicht Schritt halten. Die Verzögerung des 2009 beschlossenen Gesetzes zum Ausbau von Energieleitungen (EnLAG) bestätigt diese These. Das Gesetz beinhaltet 24 Ausbau-Vorhaben im Bereich des Übertragungsnetzes. Zwei Vorhaben wurden bisher abgeschlossen und so 12% der Stromleitungen realisiert[3]. Die Politik hat bereits reagiert und das sogenannte „Netzausbaubeschleunigungsgesetz Übertragungsnetz" (NABEG) 2011 beschlossen. Dieses Gesetz, das dritte seiner Art, impliziert einige Maßnahmen zur Beschleunigung des Netzausbaus. So soll durch ein vereinfachtes Verfahren die Ermittlung von Trassenkorridoren ohne strategische Umweltprüfung erfolgen können[4]. Diese Trassenkorridore werden im Rahmen der sogenannten Bundesfachplanung beschlossen, welche den vierten Schritt bei einem mehrstufigen System des Netzausbaus bildet. Das NABEG fokussiert nur diesen einen Schritt und verbessert so nicht die grundsätzlich fünfstufige Vorgehensweise, die den zentralen Anknüpfungspunkt meiner Arbeit bildet und deshalb anschaulich erläutert werden soll:

Szenariorahmen:

Im ersten Schritt analysieren die vier Übertragungsnetzbetreiber zukünftige Entwicklungen innerhalb der deutschen Energielandschaft. Konkret werden dabei Prognosen für den Anteil von regenerativen Energiequellen an der Stromerzeugung im Jahr 2023 (Szenario A und B) abgegeben.

Netzentwicklungsplan und Umweltprüfung:

Um den Netzausbaubedarf festzustellen, werden die allgemeinen Erkenntnisse aus dem Szenariorahmen regional vertieft und Simulationen bezüglich der künftigen Einspeise-Menge und der Netzstabilität durchgeführt.

---

[3] Vgl. Bundesnetzagentur, Fortschritt der Leitungsvorhaben aus dem Energieleitungsausbaugesetz.

[4] Vgl. Bundesjustizministerium, NABEG, §11.

Bei der finalen Beschreibung des Netzausbaubedarfes wird das sogenannte NOVA-Prinzip (Netz-Optimierung, vor Verstärkung, vor Ausbau) angewandt. Nun prüft die Bundesnetzagentur den von Tennet TSO, Amprion, 50Hertz Transmission und TransnetBW vorgelegten Netzentwicklungsplan, und beurteilt ihn zusammen mit verschiedenen Kooperationspartner im Hinblick auf ökologisch relevante Gesichtspunkte.

Bundesbedarfsplan

Die gewonnen Erkenntnisse werden im Bundesbedarfsplan verarbeitet. Dieser beinhaltet eine Auflistung von verschieden Ausbaumaßnahmen mit der konkreten Angabe von Start- und Zielpunkten. Die Bundesregierung muss einen Bundesbedarfsplan alle drei Jahre erhalten.

Konkrete Trassen

Nach der bereits erwähnten Ermittlung prinzipiell möglicher Trassenkorridore werden in einem Planfeststellungsverfahren die finalen Trassen unter Einbeziehung der Öffentlichkeit beschlossen.[5]

II. Neuartiges Modell zur Beschleunigung des Netzausbaus

Aus diesem sehr vielschichtigen Modell resultieren neben unstrittigen Vorteilen auch zwei große Nachteile: Prognosen des Szenariorahmens spielen für die Bestimmung der Start- und Endpunkte eine Rolle, aber für den letztendlich geographischen Verlauf einer Stromtrasse werden sie nicht berücksichtigt. Für diesen sind ausschließlich zwei Dinge wichtig: *„Am Ende steht ein Planfeststellungsbeschluss mit den Trassenverläufen, die die geringsten Belastungen für Mensch und Umwelt versprechen."*[6]   Diese Arbeit und somit das Projekt „Clean Grid" will alle Faktoren auch regional anwenden und so die im großem Maßstab sehr komplexe Problematik

---

[5] Vgl. Bundesnetzagentur, Netzausbau 2012.

[6] Bundesnetzagentur, Netzausbau 2012, Seite 2.

in viele regionale Projekte zergliedern. Gleichzeitig soll aber auch das gesamt-deutsche Ziel des Netzausbaus nicht gefährdet werden. Ein neuartiges Modell zur Beschleunigung und Optimierung des Netzausbaus entsteht, welches die Übertragungsnetzbetreiber in Kooperation mit der Bundesnetzagentur anwenden könnten. Das bisherige Modell wird zu einem Schritt zusammengefasst. Start- und Endpunkte von Vorhaben resultieren aus dem Ort von Energieerzeugern und Energieverbrauchern. Das erfüllt auch das primäre Ziel des Netzausbaus. Andere Faktoren, wie z.B. Prognosen für den Anstieg erneuerbarer Energien, beinhaltet das vorgeschlagene System, indem es konkrete geographische Routen vorschlägt, die wiederum auf den erwähnten Faktoren basieren. Die Überlegung ist, dass wenn im kleinen Maßstab alles optimiert wird, auch eine Funktionalität im großem Bezugsrahmen herrscht. Wenige noch existierende Probleme im gesamtdeutschen Kontext können z.B. durch den zielgerichteten Bau neuer HGÜ-Leitungen behoben werden. Die vorliegende Arbeit behandelt nur den Ausbau bestehender Transportnetze zu Übertragungsnetze. Diese Maßnahmen bilden die wichtigsten Eckpfeiler des Netzausbaus (NOVA-Prinzip.)

Ferner begründet sich die bewiesene Trägheit des Netzausbaus ebenfalls in dem verwendeten System, denn das aktuelle Modell sieht immer wieder intensive Prüfungen vor, während das hier vorgestellte System nur eine Kontrolle erfordert. Die Folge ist eine enorme Beschleunigung des Netzausbaus. Mit dem vorgeschlagenen System wird zudem ein höhere Attraktivität für die Netzbetreiber geschaffen, zeitnah zu investieren. Denn die Netzbetreiber erhalten schnell den konkreten Verlauf einer Trasse und können planungssicher agieren. Wie die optimale Route für eine Trasse generiert wird, beschreibt die Arbeit im nächsten Kapitel.

III. Einsatz von Kombinatorischer Optimierung

1. Verwendung des Dijkstra Algorithmus

Das Stromnetz stellt mit seinen unterschiedlichen Spannungsebenen[7] und dement-sprechend vorhanden Knotenpunkten einen Graph dar. Dieser definiert sich im Allgemeinen wie folgt: „Ein Graph ist ein Gebilde aus Knoten und Kanten, Kanten

---

[7] Vgl. Gartmair Heinrich; Energiewende ohne Blackout, S. 21

verbinden stets zwei Knoten."[8] Auf das Stromnetz angewendet fungieren die Leitungen als Kanten und die Transformierungs-Punkte als Knoten. Leitungen des Transportnetzes sind vorhanden. Wo sie zu Übertragungsnetzen ausgebaut werden, hängt von den im zweiten Teil des Kapitel erörterten Faktoren ab. Um einen, auf diesen Faktoren beruhenden optimalen, geographischen Netzausbau zu generieren ist die Verwendung mathematischer Algorithmen erforderlich, die speziell für Graphen-Probleme entwickelt worden sind und eine Gewichtung der Kanten erlauben. Die Gewichtung ist ein Resultat (ein Durchschnittswert) aus der Quantifizierung aller wichtigen Faktoren. Nach der Beschäftigung mit einigen potenziell geeigneten Algorithmen (Ruin & Recreate, Greedie, Local Search etc.) erscheint der Algorithmus nach Dijkstra[9] für die zu lösende Problematik des Netzausbaus auf Grund seiner Simplizität und seiner Fokussierung auf gewichtete Kanten besonders geeignet.

Er soll an diesem fiktiven und wenig komplexen Graphen erläutert werden:

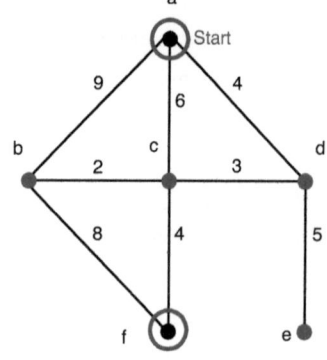

Beginn:

Zunächst wird ein Start- (a) und Endpunkt (f) definiert. Die Summe der Kantengewichte zum Startknoten nennt sich „Distanz". Aktuell ist der Startknoten der „Aktive Knoten". Seine Nachbarn sind die Knoten (b, c, d). Sie haben eine direkte Verbindung zu a. Dabei entscheidend ist ihre Distanz zum Startknoten (b: 9, c: 6, d: 4).

Dementsprechend ist Punkt d auszuwählen, denn bei diesem Algorithmus sind kleinere Kantengewichte die besseren. Anschließend ist d der aktive Knoten d und hat bis jetzt zwei unbesuchte Punkte (c, g). Die Distanzen von c und g errechnen sich wie folgt: Distanz des aktiven Knotens d zum Startknoten a plus Kantengewicht der verbindenden Kante. Für c lautet das Ergebnis also 7 und für Punkt g wird ein Wert von 9 ermittelt. Der Punkt mit der kleinsten Distanz c (6) ist nun aktiver Knoten. Der Knoten c muss kein Nachbar von d sein. Es wird einfach der Knoten, mit dem

---

[8] Lutz-Westphal Brigitte, Hußmann Stephan, Kombinatorische Optimierung erleben, S. 7.

[9] Vgl. Lutz-Westphal Brigitte, Hußmann Stephan, Kombinatorische Optimierung erleben.

nächst kleineren Kantengewicht gewählt. Bevor aber ein Punkt als aktiver Knoten deklariert werden kann, ist folgender Schritt existenziell notwendig, denn ohne ihn könnte man den einfachsten aller Algorithmen, den Greedie-Algorithmus anwenden, bei welchem man stets den Weg mit dem geringsten Kantengewicht wählt.

Der „Update" Schritt:
Bei der Betrachtung der errechneten Distanz für b stellt man fest, dass man durch einen Weg von a über c den Knoten b mit einer geringeren Distanz (8) erreicht, Dementsprechend müssen die bereits besuchten Nachbarknoten des aktiven Knotens analysiert werden und eventuell die Distanzwerte nach unten korrigiert werden. Diesen Schritt der Berichtigung nennt man „Update". In diesem Zug müssen auch die Vorgängerknoten (a) von b neu überschrieben werden. Denn der Algorithmus notiert die jeweiligen Vorgängerknoten, um zum Schluss eine Route ausgeben zu können.

Temporäre und permanente Distanzen:
Bisher besteht wegen dem Update-Schritt die Möglichkeit im Kreis zu laufen. Um diesen Fehler zu beheben, ist folgendes System wichtig: Im Falle, dass der aktuell aktive Knoten ein Nachbarknoten zum Startpunkt ist so ist es evident, die Distanz zum Startknoten nicht nochmals mittels eines „Update-Schrittes" zu berechnen. Sie ist also gültig und kann so permanent genannt werden. Permanent bedeutet, dass sich die Distanz im kompletten Lauf des Algorithmus nicht mehr ändert. Die Distanz des Startknotens zu sich selbst ist logischerweise 0 und auch permanent. Diese beiden Feststellungen sind die Basis für eine weitere These: Der nun als aktiver Knoten definierte Punkt c kann nicht mit einer geringen Distanz erreicht werden. Somit kann er als permanent definiert werden. Bei anderen Routen muss eine längere Wegstrecke aus den Berechnungen resultieren, da ja der aktuell aktive Knoten und seine Vorgänger auf Basis kürzester Wege ausgewählt worden sind. Alle anderen Distanzen, die nicht als permanent deklariert worden sind, werden als temporäre Distanzen bezeichnet. Die Konsequenz aus dieser Differenzierung ist, dass Distanzen von Knoten, bei welchen bereits ein Update Schritt durchgeführt worden ist, nicht auf eine andere Art, also mittels einer neuen Route, berechnet werden. Denn diese neuen Berechnungen würde nur eine identische oder größere

Distanz zum Ergebnis haben. Unabdingbare Voraussetzung für dieses System ist, dass keine negativen Kantengewichte existieren, denn dann könnten Berechnungen im Update-Schritt ständig kleinere Distanzen finden. Das System würde versagen. Um einen weiteren Fehler auszuräumen, ist der folgende und letzte Schritt nötig:

Initialisierung:

Theoretisch ist es möglich, dass der Dijkstra Algorithmus nicht die geringsten Distanzen für alle Knoten berechnen kann, da der Graph nicht zusammenhängend konstruiert ist. Deshalb nimmt der Algorithmus es in seine prinzipielle Struktur auf, anfangs allen Knoten die temporäre Distanz von „unendlich" zuzuweisen. Somit würden Knoten, die der Algorithmus nicht behandelt - also Knoten, die nicht durch Kanten mit dem Graph verbunden sind, diese Distanz beibehalten. Allen anderen werden im Laufe des Algorithmus neue Distanzen zugeschrieben. Ein weiterer Vorteil ist, dass beim wichtigen Update-Schritt eine Unterscheidung zwischen schon besuchten und noch nicht besuchten Knoten unnötig ist. Vom aktuell aktiven Knoten werden so direkt die neuen Distanzen zu den noch nicht permanenten Nachbarn berechnet und mit der vorhandenen Distanz verglichen (kann eventuell unendlich betragen).

Zusammenfassung der Anweisungen:[10]

1. Anfangs wird allen Knoten eine Distanz von unendlich zugewiesen.
2. Auswahl des Startknotens. Er bekommt eine permanente Distanz von 0 zugewiesen und ist der aktuell aktive Knoten.
3. Nun muss die Berechnung aller Distanzen (temporäre Distanzen) von noch nicht als permanent markierten Nachbarknoten erfolgen. Es sind die Nachbarknoten des gerade aktiven Knotens. Bei der Berechnung lautet die Regel: Kantengewicht der verbindenden Distanz + Distanz des aktiven Knotens
4. Durchführung des Update-Schrittes. Ist für einen Nachbarn die neu berechnete Distanz geringer als die vorhandene, wird diese durch die neue kleinere Distanz ersetzt. Der gespeicherte Vorgänger des behandelten Knotens wird

---

[10] Vgl. Lutz-Westphal Brigitte, Hußmann Stephan, Kombinatorische Optimierung erleben.

durch den aktiven Knoten ersetzt. Im Falle, dass eine neu berechnete Distanz größer oder gleich ist, als die ohnehin vorhandene, wird keine Änderung an der Distanz oder dem Vorgänger des Knotens vorgenommen.

5. Wahl eines Knotens mit minimaler temporärer Distanz. Der Knoten wird aktiv und seine Distanz ist permanent.

6. Wiederholung der Schritte 3. bis 6. solange, bis kein Knoten mit einer permanenten Distanz mehr vorhanden ist, dessen Nachbarn noch temporäre Distanzen haben.

Der Algorithmus speichert für jeden Knoten seine Vorgänger. Liest man diese Liste für den Endpunkt rückwärts, erhält man die optimale Route vom Startpunkt- bis zum Endpunkt.

Anwendung des Dijkstra-Algorithmus auf den Graphen:

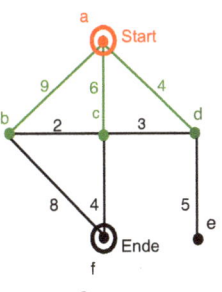

→ Startknoten: a (permanent);

→ Berechnung der temporären Distanzen der Nachbarknoten: b = 7, c = 6, d = 4 (unendlich wird durch die Distanz überschrieben);

→ Keine Änderungen im Update-Schritt;

→ Kleinste Distanz: d (wird permanent und aktiv);

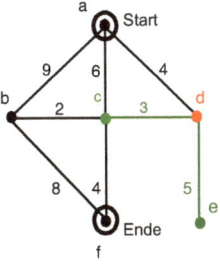

→ Berechnung der temporären Distanzen der Nachbarknoten: c = 7, e = 9 (unendlich wird durch die Distanz überschrieben);

→ Keine Änderungen im Update-Schritt;

→ Der Knoten c hat mit 6 die kleinste temporäre Distanz. Er wird nun aktiver Knoten.

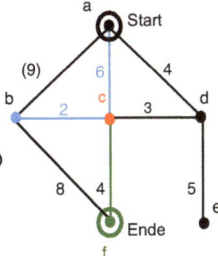

→ Berechnung der temporären Distanzen der Nachbarknoten: b=8; f=10;

→ Änderung durch Update-Schritt; Kleinere Distanz für b über c. Überschreibung von Vorgänger a durch c

→ Kleinste Distanz: b (wird permanent und aktiv)

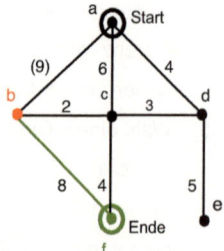

- ➡ Berechnung der temporären Distanzen der Nachbarknoten: f=17;
- ➡ Keine Änderungen im Update-Schritt;
- ➡ Knoten mit nun kleinster Distanz e wird permanent

Schluss:

Knoten e hat keine Nachbarn mit temporärer Distanz und wird permanent. Nun ist der einzige Knoten, mit einer temporären Distanz Knoten f aktiv. Er hat ebenfalls keine Nachbarn und wird permanent. Die Abbruchbedingung ist erfüllt. Der Algorithmus liefert zu jedem Knoten mit seiner jeweiligen Distanz die Vorgänger-knoten. Für f wären diese die Knoten a und c. Der optimale Weg ist gefunden.

2. Eruieren von maßgeblichen Faktoren für die Kantengewichtung

Dieser Schritt soll den Weg ebnen, um den Dijkstra Algorithmus in Kapitel IV auf ein reales Stromnetz anzuwenden. Wie dargestellt, sind die Kantengewichte für das Ergebnis des Algorithmus entscheidend. Welche Faktoren für die Bestimmung eines Kantengewichts maßgeblich sind,wird in diesem Kapitel erläutert.

Die Bundesnetzagentur prüft Ausbauvorhaben anhand von zwei Kriterien. Zum einen untersucht die Behörde mögliche Umweltbelastungen und zum anderen prüft sie, ob die konkrete Leitungstrasse die Einwohner vor Ort übermäßig belastet. Mit diesem Aspekt geht der Protest der Bevölkerung einher. Für die Netzbetreiber ist ein regionalisierter Szenariorahmen wichtig. Dieser enthält Prognosen zum zukünftigen Ausbau von Erneuerbaren Energien in der jeweiligen Region. Da die Netzbetreiber ökonomisch orientierte Unternehmen sind, versuchen sie möglichst wenig Kosten für einen Netzausbau aufzuwenden. Dementsprechend ist die Länge des Leitungs-ausbau auch auf Grund möglicher Stromverluste ein umso wichtiger Faktor. Leitungen, die aktuell in einem schlechten Zustand sind und ohnehin bald erneuert werden müssen, sollen bevorzugt ausgebaut werden, um eine Netzstabilität gemäß der n-1 Regel zu gewährleisten. Allgemein ist die Menge der bestehenden erneuerbaren Energien ein wichtiger Faktor, ob in einer Region das Transortnetz zum

Übertragungsnetz ausgebaut werden soll. Nicht alle Faktoren sind gleichbedeutend. Deshalb werden sie ihrer Bedeutung nach gewichtet. Um diesbezüglich korrekte Tendenzen anzugeben, wurde die Bundesnetzagentur und sowohl die wirtschaftswissenschaftliche, als auch die physikalische Fakultät der Universität Regensburg kontaktiert. Es kristallisierte sich folgende Gewichtung heraus: Die Akzeptanz der Bevölkerung ist besonders hoch zu gewichten, da ein Vorhaben schnell durch Widerstände aus der Bevölkerung verzögert oder gar gestoppt werden kann. Das aktuelle Modell sieht eine separate Umweltprüfung vor und es existieren Gesetze, die die Umwelt vor Ausbau-maßnahmen aller Art schützen. Deshalb ist auch die Umwelt besonders zu betonen.

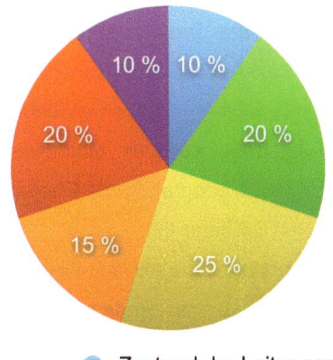

- 🔵 Zustand der Leitungen
- 🟡 Länge der Wegstrecke
- 🔴 Akzeptanz in der Bevölkerung
- 🟢 Sensibilität der Umwelt
- 🟠 Erneuerbare Energien
- 🟣 Zukünftige Entwicklungen

Außerdem können Klagen von Umweltschutzverbänden zu einer massiven Entschleunigung des Ausbaus führen. Die Länge der Wegstrecke ist vor allen Dingen ein Kostenfaktor. Er besitzt mit das zweithöchste Gewicht, denn nur dann, wenn die Kosten für die Netzbetreiber gering sind, investieren die Unternehmen und sorgen so für eine schnelle Umsetzung von Ausbau-Vorhaben. Der Zustand der Leitungen ist im Verhältnis weniger wichtig, den ein Ausbau trägt an sich schon zu mehr Stabilität bei. Die zukünftigen Entwicklungen werden beachtet. Allerdings zielt dieses System primär darauf ab, in mittelfristiger Zukunft eine den neuen dezentralen Energiequellen angepasste Netzstruktur zu schaffen und das Ziel einer schnellen, aber auch gut gemeisterten Energiewende zu erreichen. Der Anteil erneuerbarer Energien an der gesamten Energieerzeugung in einem Landkreis ist durchaus wichtig. Besonders, wenn die regenerativen Energien noch nicht an ein Netz angebunden sind, ist es sinnvoll einen Netzausbau vorzunehmen. Die Reihe an Faktoren ließe sich fast beliebig erweitern. So könnte ein steigender Grad an Verstädterung oder ein positiver zeitlicher Zusammenhang zwischen Strom-Verbrauch und -Erzeugung wichtig sein.

III. Reale Anwendung des Dijkstra-Algorithmus

1. Abbildung von Landkreisen in einem Graphen

Essentieller Inhalt dieser Arbeit ist es, dass sich theoretische Überlegungen in praktischer Anwendung beweisen. Deshalb soll nun nach den gewonnenen Erkenntnissen der vollständige Algorithmus auf ein konkretes Projekt angewandt werden. Das Ergebnis wird eine Route sein, in welchen Landkreisen, das Transportnetz zum Übertragungsnetz ausgebaut werden soll. Der Algorithmus gibt so schließlich den finalen Routenverlauf für eine Stromtrasse vor. Dabei kann ein optimaler Netzausbau umso genauer generiert werden, desto kleiner die geographische Ebene ist. Das nun optimierte Ausbauvorhaben wird auf die NUTS-Ebene III[11] (Landkreise und Kreisfreie Städte) bezogen und somit relativ genau erstellt. Eine als erforderlich bestätigte[12] Maßnahme ist die Netzverstärkung der Strecke von Redwitz nach Schwandorf.

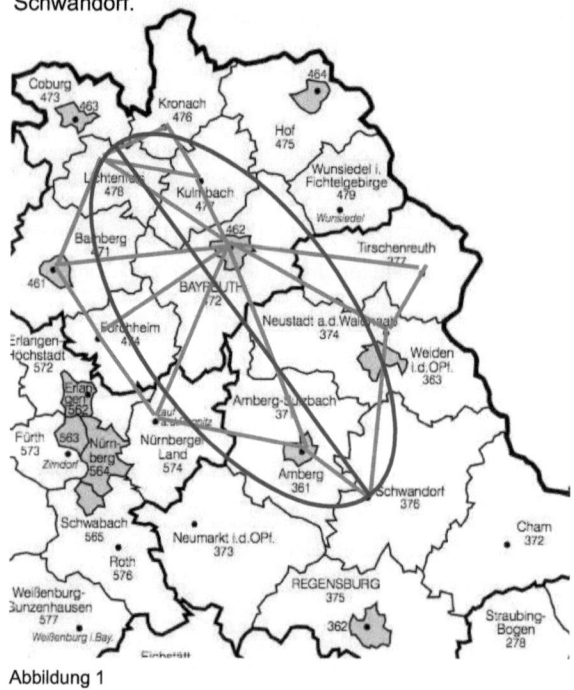

Abbildung 1

---

[11] Vgl. Frenz Walter, Handbuch Europarecht: Band 3: Beihilfe- und Vergaberecht.

[12] Vgl. Bundesnetzagentur, Bestätigung Netzentwicklungsplan 2012 Strom.

Die Bundesnetzagentur muss im Rahmen ihrer Umweltanalyse einen Bereich festlegen, wo die Stromtrasse möglicherweise verlaufen könnte. Hierbei geht die Behörde so vor: Zunächst wird eine gerade Linie vom Start- zum Endpunkt gezogen. Dann zeichnet die Behörde eine Ellipse genau mittig über diese Linie. Die Ellipse ist dabei so beschaffen, dass ihre gesamte Breite halb so groß ist, wie ihre Länge. So steckt die Bundesnetzagentur ein Feld für die Analyse ab. Diese Größe eines Bereiches ist auch als Basis für die Skizzierung eines Graphen gut geeignet. Sie beinhaltet noch verschiedene Routenmöglichkeiten, schließt aber von vornherein Routen aus, die ohnehin zu lange Leitungen beanspruchen würden und somit nicht finanzierbar wären. Alle ins Auge gefassten Landkreise werden unten schematisch dargestellt. Die Kreisstädte der Landkreise dienen als Knotenpunkte. Wenn Landkreise aneinander angrenzen werden die Knotenpunkte durch Kanten verbunden. Die Kanten stellen das bestehende Stromnetz dar. Wichtig sind dabei bestehende Netzverbindungen zwischen den Kreisstädten. Die bestehenden Stromleitungen sind näherungsweise linear dargestellt. Der Startknoten ist Redwitz, der Endknoten Schwandorf.

a = Lichtenfels

b = Bamberg

c = Bayreuth

d = Kulmbach

e = Kronach

f = Forchheim

g = Lauf an der Pegnitz

h = Amberg-Sulzbach

i = Schwandorf

j = Tirschenreuth

k = Neustadt an der Waldnaab

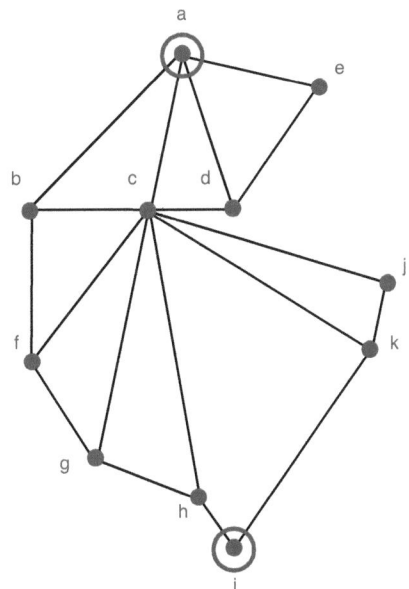

2. Eingehende Beschäftigung mit realen Daten

Um den Kanten Gewichtungen zuzuweisen, muss jeder Landkreis analysiert werden. Exemplarisch soll diese Analyse beim Landkreis Lichtenfels bezüglich der Kante Redwitz-Bamberg erläutert werden. Um beispielsweise reale Daten für den Landkreis Lichtenfels zu erheben, fand unter anderem ein Telefonat mit Andreas Grosch statt. Neben vielen Telefonaten wurden der Netzentwicklungsplan Strom 2012, sämtliche Web-Auftritte der Landkreise, verschiedene Zeitungsartikel, das Geo-Portal Bayern und besonders der Energie-Atlas Bayern zu Rate gezogen. Der jeweilige Faktor wird auf einer Skala von 0-100 quantifiziert. Umso stärker ein Faktor auf eine Ausbaumaßnahme hinweist, umso geringer ist sein Wert. Hier sind die Ergebnisse für den Landkreis Lichtenfels aufgeführt:

	Quantifizierter Faktor	Gewichteter Faktor
Zustand der Leitungen	35	3,5
Länge der Wegstrecke	32	8
Akzeptanz in der Bevölkerung*	59	11,8
Sensibilität der Umwelt	74	14,8
Autonomie und Häufigkeit der Erneuerbaren Energien	80	12
Prognostizierte Entwicklungen der regenerativen Energien	28	2,8
Durchschnittswert:		**8,82**

Zustand der Leitungen:

Dem Telefonat war zu entnehmen, dass seit Jahren keine Ausbaumaßnahmen stattgefunden haben. Die Stromleitungen wurden müssten ohnehin mittelfristig ausgebaut werden. Deshalb wird der Faktor zwischen 30 und 40 eingegrenzt.

Länge der Wegstrecke

Die Stromstrecke beträgt bis zur Landkreisgrenze (gen Bamberg) 23 km. Wäre der Weg das alleinige Kriterium, würde eine Route von 118 km Länge in 6 Abschnitten

(Knoten-Landkreisgrenze) berechnet werden (Redwitz, Bayreuth, Amberg, Schwandorf). Demnach liegen 23 km fast im Schnitt einer optimalen Route. In Kombination mit der Betrachtung der anderen, möglichen Strecken (Redwitz - Landkreisgrenze) lässt sich der tendenzielle Wert 32 real begründen.

Akzeptanz in der Bevölkerung:
Es ist schwierig vorherzusehen und so kaum zu quantifizieren, wie aufgeschlossen die Bevölkerung einem möglichem Netzausbau ist. Unwahrscheinlich ist jedoch, dass die Zahl der Menschen, die einem Netzausbau äußerst aufgeschlossen ist, genau so groß ist wie die Menge an Einwohnern, die der Netzausbau weniger tangiert. Um ein reales Abbild zufällig zu erzeugen benötigt man somit die Normalverteilung (Gaußsche Glockenkurve)[13]. Eine reine Zufallszahl wäre nicht realitätsbezogen.

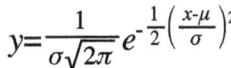

$$y = \frac{1}{\sigma\sqrt{2\pi}}\, e^{-\frac{1}{2}\left(\frac{x-\mu}{\sigma}\right)^2}$$

μ = 50 (Mittelwert)
σ = 18 (Jeder Wert von 0 bis 100 soll
erreicht werden)

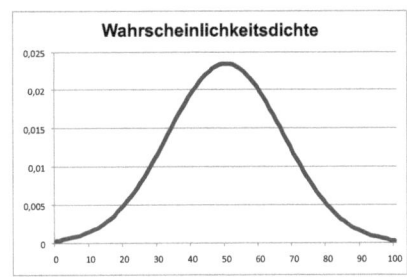

Sensibilität der Umwelt:
Im Landkreis Lichtenfels sind viele Biotope (Blumenwiesen, kleinere Auwälder, z.B. bei Oberau oder Bad Staffelstein, Nass- und Feuchtwiesen) und ein Vogelschutzgebiet beheimatet. Es existieren allerdings keine flächendeckende Umweltzonen, wie z.B. ein Nationalpark. So grenzt Herr Grosch den Wert zwischen 65 und 70 ein.

Autonomie und Häufigkeit erneuerbarer Energien[14]:
Aus einer Analyse des Landkreises Lichtenfels und dem Energie-Atlas Bayern geht hervor, dass der Landkreis 2010 erst 14,8% seines Bedarfes mit selbst erzeugten erneuerbaren Energien deckt. Das ist im Vergleich zu anderen Landkreisen wenig.

---

[13] Vgl. Bosch Karl, Statistik für Nichtstatistiker, Zufall und Wahrscheinlichkeit.

[14] Vgl. Landratsamt Lichtenfels, Integriertes Klimaschutzkonzept für den Landkreis Lichtenfels.

Prognostizierte Entwicklung der regenerativen Energien.

Die Entwicklung verläuft positiv.[15] 2010 stieg die Einspeisung von regenerativen Strom um 24%. Die Ausgangslage für einen Fortbestand des Trends ist gut. Die Regionalisierung des Szenariorahmens liefert keine Daten für Lichtenfels.

Es ist zu beachten, dass nicht nur ein Landkreis allein für die Gewichtung der Kante verantwortlich ist. Die Stromleitung erstreckt sich ja über mindestens zwei Landkreise . Eine reale Abbildung ist aber durch folgende Idee möglich. Die lineare Entfernung (Luftlinie) zwischen Redwitz und Bamberg beträgt 37,1 km. Davon laufen ca. 23 km im Landkreis Lichtenfels und etwa 14 km im Landkreis Bayreuth. Dementsprechend sind die Durchschnittswerte der Faktoren mit 62% bzw. 38% zu gewichten, um das endgültige Kantengewicht der Strecke Redwitz - Bamberg zu erhalten. Die Quantifizierung der Faktoren im Kreis Bamberg hatte den Wert 13,7 ergeben. So errechnet sich ein finales Kantengewicht (Redwitz-Bamberg) von 10,9.

Nach tiefgründiger Analyse eines jeden Landkreises ist die folgende Adjazenzmatrix erstellt worden. An ihr sind die Knoten und die Kantengewichte der Verbindungen zusammengefasst. Der Wert 0 bedeutet, dass zwei Knoten unverbunden sind.

	a	b	c	d	e	f	g	h	i	j	k
a	0	11	13	10	9	0	0	0	0	0	0
b	11	0	17	0	0	11	0	0	0	0	0
c	13	17	0	16	0	12	15	19	0	11	10
d	10	0	16	0	7	0	0	0	0	0	0
e	9	0	0	7	0	0	0	0	0	0	0
f	0	11	12	0	0	0	7	0	0	0	0
g	0	0	15	0	0	7	0	16	0	0	0
h	0	0	19	0	0	0	16	0	9	0	0
i	0	0	0	0	0	0	0	9	0	0	13
j	0	0	11	0	0	0	0	0	0	0	5
k	0	0	10	0	0	0	0	0	13	5	0

---

[15] vgl. Landratsamt Lichtenfels, Integriertes Klimaschutzkonzept für den Landkreis Lichtenfels.

Die in Kapitel II eingehend dargelegten Vorgänge des Dijkstra - Algorithmus wurden in einer Software implementiert. Sie ist mit Java objektorientiert programmiert. Der Verfasser konnte bereits auf programmierte Elemente zurückgreifen. Maßgeblich für die Umsetzungen waren while-Schleifen in Kombination mit if-Bedingungen. In der GUI (Graphical User Interface) kann der Nutzer seine Adjazenzmatrix eintippen. Im unteren Feld gibt er seinen Start- und Zielknoten in Zahlen an. a ist hierbei 0 und i somit 8. Das Ergebnis lautet :

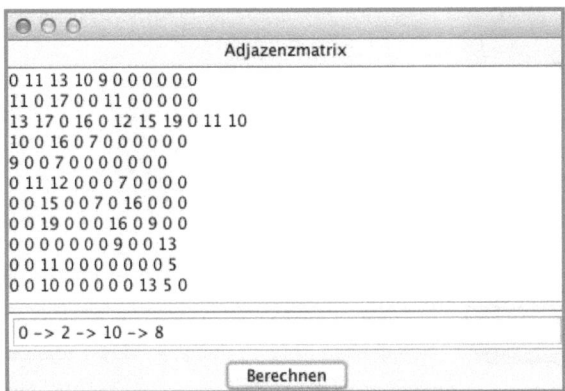

Der optimale Weg von Redwitz nach Schwandorf führt über den Landkreis Bayreuth und den Landkreis Neustadt an der Waldnaab. Gerade wird ein Internetportal entwickelt, bei dem der Nutzer selbst seine individuellen Faktoren, deren Gewichtungen und Werte festlegen kann.

Falls der Netzausbau über bestimmte Orte erfolgen soll, kann man diese in richtiger Reihenfolge als Endpunkt festsetzen und die Software anwenden. Dann müssen die bisherigen Endpunkte als Startpunkt dienen und der nächste Ort wird als Endpunkt definiert. Bei der Mitschrift der einzelnen Resultate kommt so eine finale Route zu Stande.

IV. Entwicklung einer iOS-Applikation

Um das forcierte Konzept zur Beschleunigung der Energiewende einer breiten Öffentlichkeit zugänglich zu machen, entwickelte der Verfasser dieser Arbeit eine iOS-Applikation. Matthias Scherr ist Gründer eines Software-Unternehmens (www.app-access.de) und eignete sich die Expertise der App-Programmierung im Rahmen dieses Wettbewerbs an. Die App „Clean Grid" ist seine erste Applikation im App-Store und über den unten angezeigten QR-Code kostenfrei herunter zu laden.

Einige Inhalte der iOS-Applikation werden nun vorgestellt. Die App enthält einen automatischen Blog. Dabei werden Neuigkeiten und Fortschritte des Projektes Clean Grid automatisch durch den Import eines RSS-Feeds angezeigt. Selbstverständlich ist dabei die Möglichkeit enthalten, die jeweilige Information mit anderen zu teilen. Des weiteren befinden sich in der Applikation Videos, durch welche dem Nutzer die Idee des Projektes Clean Grid erklärt wird.

Um das Engagement der Siemens-Stiftung auszuweiten und mehr Bewusstsein für energiepolitische Themen zu schaffen, können die Nutzer ein Quiz über die Rolle von Energie in den Bereichen Stadt, Land und Fluss spielen und so ihr Wissen erweitern.

Außerdem besteht die Möglichkeit sich bei Fragen aller Art per Mail an Matthias Scherr zu wenden.

E. Schluss

Das ausführlich erörterte und praktisch angewandte Alternativ-Modell ist ein Konzept, das mit Hilfe des Dijkstra-Algorithmus einen beschleunigten und trotzdem überlegten Netzausbau generiert. Es ist zudem absolut individuell. So können die Gewichtungen der Faktoren beliebig angepasst werden und Graphen für die kleinste Verwaltungsebene erstellt werden. Für diesen Individualisierungs-Prozess entsteht derzeit ein Web-Portal, dass ich gerne der Bundesnetzagentur vorstellen würde. Doch nicht nur allein der Netzausbau muss funktionieren. Ebenso ist es erforderlich neue regenerative Energien zu entdecken. In der Nachbargemeinde findet schon ein Pilotprojekt statt. Die Flussströmung soll zur Energieerzeugung genutzt werden. Das Zukunftskonzept: Auf dem Land wird durch den Fluss Strom für die Stadt erzeugt. Eine schöne Vision, ganz nach dem wunderbarem Spruch: **„Stadt, Land, Fluss - Zukunftsplanung ist ein Muss."**

D. Literaturverzeichnis

Bosch, Karl, Statistik für Nichtstatistiker, Oldenbourg Wissenschaftsverlag, 2011

Frenz, Walter, Handbuch Europarecht, Band 3, Springer, 2006

Gartmair, Heinrich, Energiewende ohne Blackout, Amazon, 2012

Lutz-Westphal, Brigitte und Hußmann, Stephan, Kombinatorische Optimierung erleben, Vieweg+Teubner Verlag, 2007

Oeding, Dietrich und Oswald, Bernd Rüdiger, Elektrische Kraftwerke und Netze, Springer, 2011

Bundesnetzagentur, Bestätigung Netzentwicklungsplan Strom 2012

Bundesnetzagentur, Netzausbau 2012

Landratsamt Lichtenfels, Integriertes Klimaschutzkonzept für den Lkr. Lichtenfels

Passauer Neue Presse, Wir gründen Club der Energiewende-Staaten, 06.12.12

Süddeutsche Zeitung, Behörde warnt vor lahmen Netzausbau, 03.08.2012

E. Abbildungsverzeichnis

Statistisches Landesamt Bayern - Bayern in Verwaltungsebenen (Landkreis)

Hinweis: Alle anderen Abbildungen wurden selbst erstellt.